www.ingramcontent.com/pod-product-compliance
Lightning Source LLC
Chambersburg PA
CBHW080941170526
45158CB00008B/2332
* 9 7 8 1 0 9 6 6 3 3 1 5 0 *